DEUTSCHE AKADEMIE DER WISSENSCHAFTEN ZU BERLIN
VORTRÄGE UND SCHRIFTEN
HEFT 94

MAX STEENBECK

WILHELM WIEN

UND SEIN EINFLUSS AUF DIE PHYSIK SEINER ZEIT

Mit 3 Abbildungen

AKADEMIE-VERLAG · BERLIN
1964

Vortrag,

gehalten von Hrn. STEENBECK am 24. September 1964

in der Plenarsitzung der Klasse für Mathematik, Physik und Technik

der Deutschen Akademie der Wissenschaften zu Berlin

Erschienen im Akademie-Verlag GmbH, 108 Berlin, Leipziger Straße 3–4

Lizenznummer: 202 · 100/598/64

Gesamtherstellung: VEB Druckhaus „Maxim Gorki", 74 Altenburg

Bestellnummer: 2003/94 · ES 18 A · Preis: 4,30 MDN

Wilhelm Wien und sein Einfluß auf die Physik seiner Zeit

Wilhelm Wien wurde 1864 geboren; als er 1928 im Alter von 64 Jahren starb, verlor die Welt einen ihrer bedeutendsten Physiker, einen seine Schüler begeisternden und entscheidend beeinflussenden Lehrer und eine große hochverehrte Persönlichkeit. Anläßlich der 100. Jahreswiederkehr seit seiner Geburt hier dieses Mannes zu gedenken, der 18 Jahre unserer Akademie angehört hat, ist Ehrenpflicht. Die Ergebnisse seiner Forschung sind selbstverständliche Tragpfeiler geworden, auf denen schon zwei Generationen fußen.

Aber unser heutiges Gedenken an Willy Wien ist nicht nur Ehrenpflicht. Ich weiß keinen anderen der Großen unserer Wissenschaft aus seiner Zeit, dessen Lebenswerk sich besser eignete, den Wandel in der Art der Erkenntnissuche aufzuzeigen, der von der klassischen zur modernen Physik geführt hat. Wien selbst hat zu diesem Wandel durch seine Arbeiten Hervorragendes beigetragen. In seiner Einstellung zur Erklärung, zum Verständnis der vielen neuen Erkenntnisse, die etwa seit 1890 in immer schnellerer Folge unsere Wissenschaft bereicherten, blieb er im Grunde immer Klassiker; aber dennoch erkannte er die Erfolge der neuartigen theoretischen Methoden an, die immer mehr den Boden der klassischen Mechanik, Elektrodynamik und Thermodynamik, ja, auch der bisherigen Erkenntnistheorie und Logik, verließen. Seine Anerkennung der Leistungsfähigkeit dieser Methoden zeigte sich darin, daß er sie selbst beherrschte und benutzte. Aber mit einem unverkennbaren Widerstreben hat er sie stets als vorläufige Denkform betrachtet, die irgendwann zu wohlbegründeten kausal bestimmten strengen Regeln nach Art, wenn auch natürlich nicht notwendig im Rahmen der klassischen Physik führen müßten. Einige Jahre vor seinem Tode schien sich zunächst dieser Wunsch in der Theorie von de Broglie und dann vor allem in den klassisch schönen Ansätzen Schrödingers zu erfüllen. Die Art, wie Wien die Arbeiten Schrödingers verfolgte und durch seine Zustimmung ermutigte, offenbart geradezu die Qual, die die moderne formalistische Denkart Wien bereitete; nach einem Brief an Schrödinger aus dem Jahre 1926 war ihm „der ganze Zustand der Quantentheorie allmählich unerträglich" geworden. Aber diese Hoffnung trog. Eine Deutung nach klassischer Art erwies sich auch bei den SCHRÖDINGERschen Ergebnissen als unmöglich; die in der klassischen Physik bewährten Denkschemata waren zu eng. Etwas Neues, nicht im Sinne klassischer Bilder Begreifbares und darum oft als unsolide oder auch unheimlich Empfundenes setzte sich durch, und nicht zuletzt war das herausgewachsen aus Arbeiten von WIEN selbst. WIEN war eine viel zu große Persönlichkeit, als daß ihn diese Entwicklung irgendwie gelähmt hätte; diese — ja, man kann schon sagen — Tragik, die in so manchem erfolgreichen Forscherleben auftritt, wenn die Folgerungen aus eigenen Erkenntnissen so gar nicht von der Art sind, wie der Entdecker sie erwartet oder gewünscht hatte. Aber gerade den wahrhaft großen Forscher erzieht seine Arbeit zu einer Bescheidenheit, die Ergebnisse anerkennt, auch wenn sie den eigenen Vorstellungen widersprechen.

Diese Entwicklung nachzuzeichnen ist eine Aufgabe, die im Rückblick auch für uns heute lehrreich sein kann. Ich glaube, dem Gedenken dieses großen Physikers am besten dadurch gerecht zu werden, indem ich dies versuche.

Zunächst möchte ich einen kurzen Abriß seines Lebens geben: Am 13. 1. 1864 wurde er auf dem Rittergut Gaffken in Ostpreußen geboren. Sein Vater verkaufte diesen Besitz allerdings schon zwei Jahre später und erwarb ein anderes Gut bei Rastenburg, das WIEN stets als seine eigentliche Heimat angesehen hat. Er liebte das ungebundene Landleben, das Reiten und bald auch die Jagd und war auf dem Gymnasium in Rastenburg ein so schlechter Schüler, daß der Direktor des Gymnasiums WIENS Vater riet, den 15jährigen von der Schule zu nehmen und Landwirt werden zu lassen. In dem sich daran anschließenden Privatunterricht schloß WIEN allerdings sehr schnell die vorhandenen Lücken, vor allem in der Mathematik, und auf dem Gymnasium in Königsberg machte er dann sein Abitur sogar früher, als die Regel es vorsah.

In der Berufswahl schwankte WIEN lange. Es gab, wie er selbst schreibt, für seine Kreise damals eigentlich nur drei Berufe: Offizier, Landwirt oder Verwaltungsjurist.

Mit 18 Jahren begann er ein Studium in Göttingen noch ziemlich direktionslos. Immer wieder tauchte die Frage auf, ob nicht doch der Beruf des Landwirtes für den einzigen Sohn eines Rittergutsbesitzers das Naturgegebene sei. Nach einer kurzen Zeit als landwirtschaftlicher Eleve erkannte WIEN aber, daß er in diesem Beruf keine Befriedigung finden würde; unter anderem machte ihm das frühe Aufstehen große Schwierigkeiten.

Er setzte daher sein Studium in Berlin fort und betrieb hier Mathematik und Physik, aber mit dem Ergebnis, daß die reine Mathematik nichts für ihn sei, und von der Physik wußte er noch so gut wie gar nichts. Erst als er in das HELMHOLTZsche Laboratorium geriet, kam er zum ersten Male mit der Physik in ernsthafte Berührung, hier erfuhr er, was Physik bedeutet und wie man physikalisch arbeitet. Nach einem arbeitsreichen Semester in Heidelberg bei QUINCKE kehrte er nach Berlin zu HELMHOLTZ zurück und erhielt schon bald ein Thema zu einer Dissertation über die Beugung des Lichtes an photographisch verkleinerten Gittern. Da HELMHOLTZ aber seinen Schülern ungern ein Thema genau vorschrieb und im wesentlichen von diesen eigene Ideen erwartete, behandelte WIEN in seiner Doktorarbeit dann tatsächlich die Lichtbeugung an scharfen Schneiden, deren farbige Ränder ihm aufgefallen waren und auch HELMHOLTZ' Interesse erregt hatten. Mit 22 Jahren promovierte er, allerdings mit einer nach eigener Aussage im ganzen recht mangelhaften Prüfung. Immerhin war der junge Gutsbesitzerssohn nun ein promovierter Akademiker.

Wieder stand WIEN vor der Frage nach seinem Beruf. HELMHOLTZ war Präsident der neugegründeten Physikalisch-Technischen Reichsanstalt geworden, KUNDT sein Nachfolger an der Berliner Universität. WIEN begann hier zwar wissenschaftlich zu arbeiten, doch wurde er weder von HELMHOLTZ noch von KUNDT hierzu ermutigt. In den folgenden Jahren lebte er oft auf dem elterlichen Gut, um seinem kranken Vater zu helfen und nebenher wissenschaftlich zu arbeiten, wobei er sich vor allem in der theoretischen Physik gründliche Kenntnisse erwarb; die Verbindung zu HELMHOLTZ hielt er aufrecht. Er versuchte, das Gut, das außer ihm keinen Erben hatte, für die Familie zu erhalten und doch eine wissenschaftliche Laufbahn einzuschlagen; aber er wurde sich darüber klar, daß beide Berufe im Endeffekt doch den ganzen Mann beanspruchten, wenn nicht ein Mißerfolg entstehen sollte.

Die endgültige Entscheidung für die Physik brachte eine Mißernte im Jahre 1889, auf Grund derer sein Vater 1890 das Gut verkaufte. So trat WILLY WIEN nun, 26jährig, als Mitarbeiter in die Physikalisch-Technische Reichsanstalt ein. Von HELMHOLTZ angeregt, befaßte er sich theoretisch zunächst mit einigen Fragen der Elektrodynamik und der Hydrodynamik und experimentell mit der Bestimmung der Lichtstrahlung glühender Körper und der Messung hoher und tiefer Temperaturen. Schon nach drei Jahren gelang ihm die Aufstellung eines Gesetzes der Wärmestrahlung, eine geniale und im Grunde sehr einfache theoretische Ableitung einer Beziehung zwischen Temperatur und dem Spektrum der zu dieser Temperatur gehörenden Strahlung. Diese Arbeit erwies sich als von so folgenreicher Bedeutung für die Weiterentwicklung der gesamten Physik, daß WIEN hierfür noch 18 Jahre später den Nobelpreis erhielt. Auf diese Arbeit werden wir eingehend zurückkommen.

Die genaue experimentelle Ausmessung des Wärmestrahlungsspektrums, die WIEN nunmehr gemeinsam mit LUMMER begann und die sie durch die Schaffung des „schwarzen Hohlraumstrahlers" erst als Präzisionsmessung möglich machten, wurde noch unter HELMHOLTZ in die Arbeit der Reichsanstalt aufgenommen; sie wurde auch nach HELMHOLTZ' Tod 1894 unter seinem Nachfolger KOHLRAUSCH weitergeführt und dort später von LUMMER, PRINGSHEIM und KURLBAUM abgeschlossen. Sonst aber änderte sich mit diesem Wechsel in der Leitung manches. Die Reichsanstalt wurde eine Behörde mit bestimmtem Arbeitsplan und festen Arbeitsstunden — nicht ganz nach WIENS Geschmack. So war er froh, 1896 einen Ruf als außerordentlicher Professor an die Technische Hochschule Aachen zu erhalten. Hier wurde er Nachfolger von LENARD, von dem er Einrichtungen für das Arbeiten mit Hochvakuum — oder was man damals hohes Vakuum nannte — übernahm. WIEN wandte sich von nun an vorwiegend dem Studium von Entladungsvorgängen zu, insbesondere der Untersuchung von Kathoden- und vor allem Kanalstrahlen. Auch auf diesem für ihn neuen Gebiet gelangen ihm sehr bald einige Erfolge von grundsätzlicher Bedeutung, von denen der wichtigste wohl der Nachweis ist, daß Kanalstrahlen — das sind, wie wir heute wissen, größtenteils positive Ionen — ihrer Natur nach engste Verwandtschaft mit den Ladungsträgern haben, die bei der Leitung in flüssigen Elektrolyten auftreten, also bei anscheinend doch völlig anders gearteten Vorgängen. In Aachen heiratete WIEN. Im Jahre 1899 nahm er eine Berufung als ordentlicher Professor nach Würzburg als Nachfolger RÖNTGENS an. Sein eigentliches Arbeitsgebiet blieben hier und auch später die Kanalstrahlen, deren Untersuchung in seiner Meisterhand zu vielen wichtigen Aufschlüssen bei der sich anbahnenden Deutung im Spektrum des von freien Atomen ausgesandten Lichtes führte. Zwei grundsätzlich wichtige Arbeiten aus diesem Gebiet möchte ich besonders erwähnen: Die Bestimmung der Leuchtdauer eines ungestört Licht emittierenden Atoms und den Nachweis, daß ein Magnetfeld für ein rasch fliegendes Atom auch ein elektrisches Feld bedeutet, wie es die relativistische Elektrodynamik erwartet. Seine zahlreichen in- und ausländischen Schüler regte er aber auch zu vielen Arbeiten auf anderen Gebieten der Physik an, ein Zeichen dafür, wie sehr er immer danach strebte, den Gasamtüberblick über die Physik seiner Zeit zu behalten. Das gilt auch für die Münchener Zeit, wohin er 1920 ging, wieder als Nachfolger RÖNTGENS. Dieses Streben nach einem Gesamtwissen über die physikalische Forschung machte ihn auch zum geeignetsten Herausgeber der angesehenen physikalischen Zeitschrift, den „Annalen der Physik", eine Arbeit, die er nach DRUDES Tod 1906 übernommen hatte und bis zu seinem eigenen Tod 1928 durchführte. In seine Würzburger Zeit fällt die 1910 auf Vorschlag von PLANCK, RUBENS, WARBURG und NERNST erfolgte Wahl in unsere Akademie und 1911 die Verleihung des Nobelpreises für sein schon erwähntes Strahlungsgesetz. Das Bild von WILLY WIEN stammt aus seiner Würzburger Zeit.

WIENS Streben nach einem Überblick über die gesamte Physik seiner Zeit führte dazu, daß er eine eigentliche Grenze zwischen theoretischer und experimenteller physikalischer Forschung nicht anerkannte; so dienten seine Experimente nie lediglich empirischer Erfahrungssammlung, sondern hatten immer eine theoretische Fragestellung als Hintergrund; seine theoretischen Arbeiten bestanden nie in einem mathematischen Formalismus mit Gleichungen und Symbolen, sondern waren immer die Durchführung eines gedanklichen Experimentes. Das Kunststück ist in solchen Gedankenexperimenten allerdings, bei einem nur in der Vorstellung durchgeführten Versuch lediglich solche Vorgänge zuzulassen, die wenigstens grundsätzlich auch möglich sind, und das ist natürlich nicht immer ganz sicher zu sagen. Das Reflektionsvermögen eines Spiegels z. B. kann man sich im Gedankenexperiment als vollkommen vorstellen, auch wenn die Realisierung dem Experimentator große Mühe machen würde; denn wir kennen keinen lichtschwächenden Vorgang, der prinzipiell mit dem Vorgang der Lichtspiegelung verbunden sein muß. Um auch ein Gegenbeispiel für ein unerlaubtes Gedankenexperiment anzuführen: Wollte man von irgendeiner Art Materie annehmen, daß ihre Masse zwar Trägheit, aber kein Gewicht besitze, so machten wir eine unerlaubte Annahme; denn nach all unserer Kenntnis sind schwere und träge Masse einander immer gleich.

Abb. 1 zeigt einen verlustfrei reflektierend angenommenen Spiegel; senkrecht auf diesen Spiegel fällt ein Lichtstrahl und wird vollkommen reflektiert. Der Lichtstrahl ist eine elektromagnetische Welle, das wußte man aus der MAXWELLschen Theorie, welche die berühmten Versuche von HEINRICH HERTZ ja erst vor wenigen Jahren bestätigt hatten. Diese Theorie fordert, daß beim Auftreffen eines Lichtstrahles auf eine Fläche ein mechanischer Druck auf diese Fläche auftritt, dessen Größe sich aus den von der Welle mitgeführten elektrischen und magnetischen Feldern elementar ausrechnen läßt; dieser Licht-

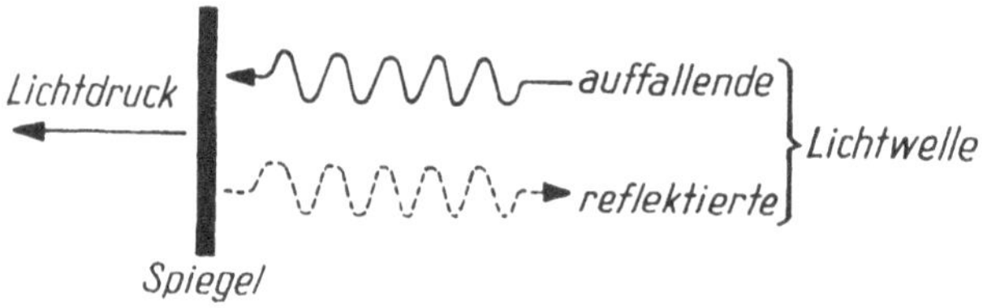

Abb. 1

druck muß der Strahlungsintensität direkt proportional sein. Experimentell wurde der Lichtdruck zwar erst ein Jahrzehnt später von dem russischen Physiker LEBEDEW nachgewiesen, aber die Vermutung, daß es diesen Lichtdruck geben müßte, war doch gut begründet.

WIENS Überlegungen setzten nun ein mit der Frage: Was geschieht, wenn ich bei diesem Versuch den Spiegel sagen wir nach rechts bewege? Da diese Bewegung dann also gegen die Richtung des Lichtdruckes erfolgt, erfordert diese Bewegung des Spiegels die Leistung von mechanischer Arbeit, also das Hineinstecken von Energie, und diese Energie kann sich nur in der reflektierten Welle wiederfinden. Die reflektierte Welle muß also mehr Energie enthalten, als die ankommende Welle mitbrachte. Ein einfaches mechanisches Analogon hierzu: Die Energie eines Tennisballes wird größer, wenn er von dem geschwungenen Schläger wieder zurückprallt. — Aber der reflektierte Lichtstrahl unterscheidet sich von dem ankommenden nicht nur durch seine größere Energie; außerdem erfolgt hier die Schwingung mit höherer Frequenz; das Licht hat eine kürzere Wellenlänge als im ankommenden Strahl. Der bewegte Spiegel eilt ja der ankommenden Welle entgegen und wird daher in der gleichen Zeit von mehr Wellenbergen und -tälern getroffen als ein ruhender Spiegel. Wenn wir uns den Versuch mit sichtbarem Licht ausgeführt denken, muß also das Licht durch die Reflektion sowohl heller wie blauer werden, wenn wir den Spiegel gegen die einfallende Strahlung bewegen. Diese Verbindung zwischen Frequenz und Energie der Lichtstrahlung ist ein Hinweis, der später bei der Aufstellung der Quantentheorie durch PLANCK von Bedeutung wurde.

Denken wir uns jetzt (Abb. 2) zwei wieder als vollkommen reflektierend angenommene Spiegel, die zueinander genau parallel stehen, und dazwischen ein Bündel von Lichtstrahlen, das genau senkrecht auf die Spiegel fällt. Dann wird das Licht also dauernd zwischen den

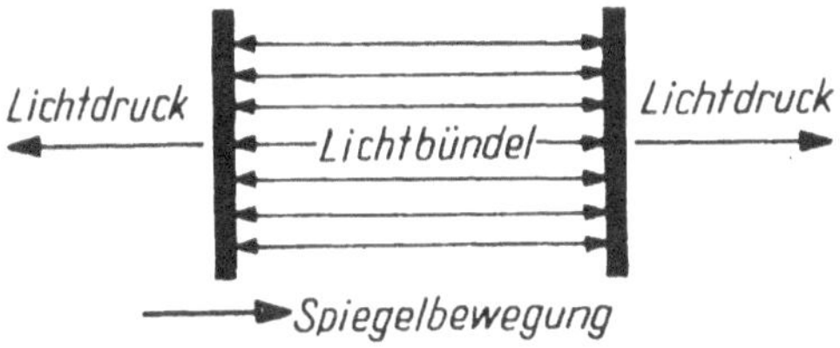

Abb. 2

beiden Spiegeln hin und her reflektiert, und da wir ja angenommen haben, daß die Spiegel verlustfrei reflektieren, bleibt dieses gewissermaßen eingeschlossene Licht bei ruhenden Spiegeln nach Intensität und Farbe unverändert. Wenn wir jetzt etwa den linken Spiegel nach rechts bewegen, erfolgt genau das gleiche wie vorher. Das reflektierte Licht wird bei der Reflektion an diesem Spiegel kurzwelliger und seine Intensität steigt; das geschieht, sich summierend, immer wieder bei jeder neuen Reflektion des hin und her pendelnden Lichtes. Da der Lichtdruck ja der Lichtintensität proportional ist, wird auch dieser Druck um so größer, je mehr wir die Spiegel einander genähert haben. Um so größer wird also auch jeweils die Arbeit, die wir bei einer noch weiteren Annäherung der Spiegel gegen den Lichtdruck leisten müssen, und um so mehr erhöht sich damit wiederum die Energie des eingeschlossenen Lichtes durch diese mechanisch geleistete Arbeit und so fort. Entfernen wir umgekehrt die Spiegel voneinander, verläuft alles genauso, nur in umgekehrter Richtung. Das eingeschlossene Licht verhält sich also genau wie eine elastische Materie, die auf den Spiegel mit einer um so stärkeren Kraft drückt, je mehr wir die Spiegel aufeinander zugeschoben und die Strahlung damit „komprimiert“ haben.

Der Gedankenversuch enthält in dieser Form noch einen allerdings leicht vermeidbaren Fehler. Ein begrenztes Bündel von exakt parallelem Licht mit einer von Null verschiedenen Intensität können wir grundsätzlich nicht herstellen. Wenn wir in dem eben behandelten Gedankenversuch nichts prinzipiell Unmögliches zulassen wollen, müssen wir also auch mit schräg auf den Spiegel fallenden Lichtanteilen rechnen, d. h. aber, daß das Licht in der gedachten Versuchsanordnung bei den vielen Reflektionen allmählich nach den Seiten auseinanderläuft und so schließlich am Spiegel vorbei ins Freie gerät. WIEN vermied diese Panne in seinem Gedankenversuch dadurch, daß er sich an den Rändern unserer Spiegel ebenfalls Lichtreflektoren angebracht dachte, die das dort ankommende Licht wieder auf das Innere der Apparatur zurückwerfen. Anders ausgedrückt: WIEN stellte sich (Abb. 3) einen Zylinder mit dicht schließendem Kolben vor; Zylinder-

Abb. 3

wand und Kolben sollten alles auffallende Licht vollkommen reflektieren. Dann aber braucht diese Fläche auch nicht mehr optischer Spiegel zu sein; es genügt jede Oberfläche, wenn sie nur kein Licht verschluckt, also z. B. auch dann, wenn sie das Licht diffus nach allen Richtungen zurückwirft; eine vollkommen weiße Oberfläche tut es demnach auch. Wenn wir in einen solchen Zylinder irgendwelche Strahlung eingeschlossen haben und dann den Kolben in den Zylinder hineindrücken, nimmt also der Energieinhalt und damit der Druck dieser Strahlung zu und die Lichtfarbe wird ins Blaue verschoben — und umgekehrt. Damit aber war für das Licht, diese merkwürdige elastische Substanz, eine Behandlung möglich geworden, wie sie in der bekannten Thermodynamik für andere Materieformen längst bekannt war.

Nun dachte sich WIEN sein Gefäß nicht mit irgendeiner Strahlung gefüllt, sondern mit thermischer Hohlraumstrahlung, und ich will noch sagen, was das heißt.

Es war seit KIRCHHOFF bekannt, daß sich im Innern eines sonst leeren hohlen Raumes, dessen Wände eine gleichmäßige Temperatur haben, eine Wärmestrahlung — oder bei glühenden Wänden eine Lichtstrahlung — ausbildet, deren Intensität und deren spektrale Zusammensetzung nur von der Temperatur, aber sonst von keiner anderen Eigenschaft der Wand abhängt. Der Ausdruck Strahlung einer bestimmten Temperatur T soll diejenige Hohlraumstrahlung bezeichnen, die sich bei der Wandtemperatur T im thermischen Gleichgewicht ausbildet. Seit STEFAN und BOLTZMANN wußte man weiter, wie die in dieser Strahlung steckende gesamte Energie mit der Temperatur zunimmt; eine erhöhte Temperatur bedeutet dann auch einen höheren Strahlungsdruck auf die Wand. Darüber hinaus war über diese Wärmestrahlung aber nichts bekannt, insbesondere also auch nicht, wie das Spektrum einer solchen Strahlung aussieht und wie es von der Temperatur abhängt. WIEN dachte sich seinen Zylinder also mit Hohlraumstrahlung von wohldefinierter Temperatur gefüllt. Wenn diese Strahlung jetzt komprimiert wird, steigt ihr Druck, und alle Frequenzen werden höher. Eine Drucksteigerung allein heißt allerdings noch nicht, daß durch die Kompression nunmehr Strahlung einer höheren Temperatur entstanden ist, also solche Strahlung, wie sie sich im Gleichgewicht in einem höher erhitzten Hohlraum ausbildet; es wäre ja denkbar, daß die komprimierte Strahlung eine andere spektrale Zusammensetzung hat als eine echte thermische Hohlraumstrahlung von gleichem Druck. Durch eine elegante thermodynamische Beweisführung konnte WIEN nun sehr einfach nachweisen, daß die Strahlung nach der Kompression in allen Einzelheiten tatsächlich eine thermische Hohlraumstrahlung sein muß. Man kann also wie bei einem Gas auch bei der Strahlung lediglich durch Kompression einen thermischen Gleichgewichtszustand in einen anderen Gleichgewichtszustand höherer Temperatur überführen. Da die Durchrechnung seines Gedankenversuchs einfach ist und genau ergibt, wie sich die Strahlung durch die Kompression nach Intensität und Farbe verändert, war nun die Wärmestrahlung für jede beliebige Temperatur anch Intensität und Spektralverteilung berechenbar, wenn sie nur für eine einzige Temperatur bekannt war.

Darüber hinaus konnte WIEN noch einige weitere aus seinen Gleichungen unmittelbar ableitbare Aussagen machen: Sowohl für ganz kleine wie für ganz große Frequenzen muß die Intensität im Spektrum verschwinden. Dazwischen kann es nur ein einziges Maximum geben.

Die Wellenlänge λ_{max} der Strahlung, die mit maximaler Intensität auftritt, verschiebt sich mit steigender Temperatur nach kürzeren Wellenlängen. Es ergab sich die einfache Beziehung, daß das Produkt aus der Temperatur und der Wellenlänge maximaler Intensität konstant ist:

$$T \cdot \lambda_{\mathrm{max}} = \mathrm{const.}$$

Damit war jetzt verständlich geworden, warum das Glühen bei niedrigen Temperaturen rot beginnt, bei höheren dann gelb wird und sich das Leuchten immer weiter ins kurzwellige, also blaue Gebiet verschiebt, je höher die Temperatur wird. Da man den Wert dieses konstanten Produktes $T \cdot \lambda_{max}$ in Laboratoriumsversuchen ermitteln kann — man braucht dazu ja nur die Strahlung einer bekannten Glühtemperatur auszumessen und nachzusehen, wo die maximale Intensität im Spektrum auftritt —, so braucht man nun umgekehrt nur aus dem Spektrum etwa der Sonne oder von Sternen zu ermitteln, bei welcher Wellenlänge das Intensitätsmaximum liegt, und weiß damit die Temperatur dieser Lichtquellen. So wurde erstmalig die Oberflächentemperatur der Sonne mit rund 6000° zuverlässig ermittelt — sicher ein großartiger Erfolg aus einem reinen Gedankenexperiment.

So schön auch derartige sofort sichtbare Resultate dieser WIENschen Arbeit waren — die eigentliche Bedeutung zeigte sich erst in der weiteren Entwicklung der Physik. Vor allem war es ein fruchtbarer, aber zunächst sogar von HELMHOLTZ abgelehnter Schritt, thermodynamische Gesetze auch auf diese merkwürdige „Substanz" Strahlung anzuwenden; immerhin ließ sich aber HELMHOLTZ bald überzeugen und legte WIENS Arbeit sogar der Akademie vor.

Der WIENsche Gedanke, Strahlung in einen Behälter mit vollkommen weißen Wänden einzuschließen und dann mit dieser Strahlung wie mit einer Substanz zu operieren, findet bald auch in den Überlegungen anderer Forscher Anwendung. Erwähnen möchte ich nur ein Gedankenexperiment von HASENÖHRL, diesem begabtesten und leider früh verstorbenen Schüler von BOLTZMANN. HASENÖHRL dachte sich einen geschlossenen, in der WIENschen Art mit Strahlung gefüllten Kasten beschleunigt, also mit zunehmender Geschwindigkeit z. B. nach rechts in Bewegung gesetzt. Diejenigen Wellen im eingeschlossenen elektromagnetischen Strahlungsfeld, die sich gerade nach links bewegen, werden also an der linken auf sie zukommenden Wand reflektiert. Aus dem WIENschen Gedankenversuch wissen wir, daß die

Strahlung dabei mechanische Energie von außen aufnimmt. Kurze Zeit später prallt nun diese mit Lichtgeschwindigkeit fliegende Strahlung auf die rechte Kastenwand auf und gibt dort durch ihren Lichtdruck an diese Kastenwand wieder Energie ab. Inzwischen ist der Kasten aber bereits schneller geworden als bei der ersten Reflektion an der linken Kastenwand und deswegen sind Energieaufnahme und -abgabe bei diesen beiden Reflektionen nicht einander gleich. Noch schneller bewegt sich der Kasten, wenn die Strahlung wieder auf die linke Wand auftrifft und bei dieser Reflektion wieder Energie aufnimmt und so fort. Die Durchrechnung zeigt, daß sich Energieaufnahme und -abgabe durch die Strahlung an der linken bzw. rechten Wand nicht kompensieren, sondern daß bei der Beschleunigung insgesamt von außen Arbeit geleistet werden muß. Es ist also nicht nur die Arbeit nötig, um den leeren Kasten zu beschleunigen, sondern eben noch zusätzliche Arbeit, um auch den Kasteninhalt, die Strahlung, zu beschleunigen. Der Vorgang zeigt also an, daß sich nach der NEWTONschen Axiomatik im Kasteninnern noch eine zusätzliche Masse befindet. Diese ,,träge Masse" der Strahlung erweist sich als proportional zur eingeschlossenen Strahlungsenergie, und der Proportionalitätsfaktor zwischen Energie und Masse ergibt sich nach HASENÖHRL bereits fast genau als das berühmte EINSTEINsche c^2. Die gewaltige Leistung EINSTEINS wird durch diesen Spezialfall in gar keiner Weise geschmälert; gerade die Allgemeinheit — und die korrekte Bestimmung des Proportionalitätsfaktors — zeigt die unvergleichliche Bedeutung der relativistischen Mechanik. Wäre aber nicht HASENÖRHLS Gedanke sehr bald durch die Relativitätstheorie völlig in den Hintergrund gedrängt worden, so hätte man konsequenterweise schon nach den Überlegungen HASENÖHRLS dem Licht auch eine schwere Masse zuschreiben müssen, weil ja nach aller Erfahrung schwere und träge Masse einander immer gleich sind. Letztlich hätte das also zu der Erwartung führen müssen, daß das Licht der Sterne von der Sonnenmasse angezogen und daher abgelenkt wird, bekanntlich eine der spektakulärsten Folgerungen aus der späteren Relativitätstheorie.

Weit wichtiger als die hier angedeutete gedankliche Vorbereitung auf einige Folgerungen aus der erst Jahre später aufgestellten Relativitätstheorie waren aber die Folgen der WIENschen Überlegungen für die Entstehung der Quantentheorie. Um jeder Mißdeutung vorzubeugen, möchte ich betonen, daß die hier gelegentlich gebrauchten und auch WIEN schon bekannten Parallelen zwischen Wärmestrahlung und kinetischer Gastheorie nicht zu der Vorstellung führen dürfen, als sei damals für WIEN die Strahlung schon so etwas wie eine Substanz mit korpuskularem Charakter gewesen; in diesen Arbeiten WIENS hat die elektromagnetische Strahlung noch durchaus strenges Kontinuumsverhalten. Aber diese Parallelen haben natürlich das Zustandekommen der späteren Vorstellungen erleichtert.

In seiner ersten Arbeit hatte WIEN zwar erreicht, das Spektrum der Wärmestrahlung für alle Temperaturen auszurechnen, wenn es nur für eine einzige Temperatur bekannt war. Es blieb noch die Aufgabe, diese Intensitätsverteilung selbst abzuleiten. Wie sich später herausstellte, war diese Aufgabe allerdings im Rahmen der klassischen Physik nicht mehr lösbar; WIEN war bereits an die äußersten Grenzen der klassischen Aussagemöglichkeit gelangt und jeder weitere Schritt brauchte entweder neue Hypothesen oder neue experimentelle Erfahrungen. WIEN schlug einige Jahre nach seiner hier besprochenen Arbeit ein Strahlungsgesetz vor, das er zwar plausibel machen, aber nicht mehr exakt ableiten konnte. Danach sollte sich die Intensität im Spektrum der thermischen Hohlraumstrahlung proportional zu dem Ausdruck

$$\frac{\nu^3}{e^{A\frac{\nu}{T}}}$$

ändern, wobei ν die Frequenz der Schwingung, T die Temperatur des Hohlraumes und A eine neue, bisher noch niemals aufgetretene Konstante bedeuten. Dieses Gesetz erfüllte zwar alle Bedingungen, die WIEN in seiner ersten Arbeit gefunden hatte, und war auch im Einklang mit dem schon bekannten STEFAN-BOLTZMANNschen Gesetz für die Abhängigkeit der Gesamtenergie der Strahlung von der Temperatur. Wirklich genau aber stimmte dieses Gesetz mit der experimentellen Erfahrung nur bei niedrigen Temperaturen und hohen Frequenzen gut überein. Bei hohen Temperaturen und langen Wellen galt dagegen ein ganz anders gebautes Gesetz besser, das RAYLEIGH und JEANS aus statistischen Überlegungen abgeleitet hatten; aber dafür war deren Gesetz in anderen Bereichen völlig falsch. Die beiden Vorstellungen waren klassisch nicht zu vereinen.

PLANCK erkannte, daß alles in Ordnung kommt, wenn man am WIENschen Gesetz eine Korrektur anbringt: Eine Proportionalität der Strahlung mit

$$\frac{\nu^3}{e^{A\frac{\nu}{T}} - 1}$$

gab eine ganz ausgezeichnete Übereinstimmung mit den inzwischen in der Reichsanstalt ausgeführten Präzisionsmessungen. PLANCK hatte diese Formel zunächst einfach durch Anpassung gewonnen, ohne für seinen Zusatz in WIENS Formel — die —1 im Nenner — irgendeine andere Begründung anzugeben als die, daß diese Form die Erfahrung richtig wiedergibt. Es ist eine bewundernswerte Leistung PLANCKS, daß er nach wenigen Wochen seine Formel auch theoretisch ableiten konnte, allerdings unter der zunächst grotesk erscheinenden Annahme, daß Licht der Frequenz ν nur in diskreten Energieproportionen der Größe νh auftritt. Das berühmte PLANCKsche Wirkungsquantum h ist dabei die in dem oben aufgeschriebenen WIENschen Ausdruck erstmalig aufgetretene Konstante A multipliziert mit der schon wohlbekannten BOLTZMANN-Konstante k

$$h = A \cdot k.$$

Das, worauf es mir hier zu zeigen ankommt, ist der sich mit Aufstellung der Quantentheorie grundsätzlich ändernde Stil in der theoretischen Erkenntnissuche. WIEN hatte noch anhand eines in allen Einzelheiten vorstellbaren und durchrechenbaren Gedankenversuches sein Verschiebungsgesetz gefunden. PLANCK dagegen experimentierte gewissermaßen mit einem mathematischen Ausdruck, bis er empirisch stimmt. Dann findet er eine passende Theorie dazu und schreckt nicht vor einer Annahme ad hoc zurück, für die es nirgendwo sonst eine Begründung gab. Allerdings war dies sonst durchaus nicht PLANCKS Arbeitsstil; PLANCK vermutete als Grund für die merkwürdige von ihm gefundene Eigenschaft der Strahlung den ja noch unbekannten Licht-Emissionsprozeß der Atome und erwartete, daß sich dort einmal wohl eine „verständliche" Ursache hierfür finden würde. Für PLANCK war die Strahlung selbst noch klassisch, und die Merkwürdigkeit der diskreten Energieportionen lag eben in noch unbekannten Eigenschaften der Atome, deren Existenz man ja ohnehin noch in gar keiner Weise verstand. Dennoch ist der Unterschied zwischen der klassischen und der sich bald so sehr erfolgreich entwickelnden neuen Methode in der

Erkenntnissuche schon klar in dem Übergang vom WIENschen zum PLANCKschen Strahlungsgesetz zu sehen, dieser Wandel von der Durchrechnung eines in allen Einzelheiten klar vorstellbaren Gedankenexperimentes bis zur Anpassung von zunächst ohne eigentliches Verstehen empirisch aufgestellten Formeln an die Erfahrung ohne Rücksicht darauf, ob die anschließende Deutung mit unserem bisherigen Wissensbild irgendwie verträglich ist oder nicht. Zunächst also verfolgte man das noch in der Erwartung, diese Diskrepanz würde sich schon einmal aufklären; später aber wurde das Verfahren immer pragmatischer, ohne Rücksicht darauf, ob das sich nun immer weiter entwickelnde neue Denkgebäude dem menschlichen Geist überhaupt noch anschaulich vorstellbar blieb. EINSTEINS Deutung des lichtelektrischen Effektes brachte mit der Auffassung der Lichtquanten als Quasiteilchen den anschaulich nicht mehr lösbaren Widerspruch zwischen Wellen- und Korpuskularnatur des Lichtes als nebeneinander bestehenden gleichberechtigten Bildern. Entscheidend für den weiteren Arbeitsstil in der Theorie wurde dann BOHRS völlig neuartige Quantelung der Elektronenbahnen des Atoms mit willkürlich postulierten Bedingungen, die sogar im direkten Widerspruch mit klassisch fest geordneten und anscheinend doch zuverlässigen Erfahrungen standen. Die einzige, allerdings auch entscheidende Rechtfertigung der Ansätze BOHRS war die geradezu unglaublich gute Übereinstimmung mit der Erfahrung, die er mit seinen passend aufgestellten einfachen Formeln erreichte, und die immer wieder bewiesene Eignung dieser Methode zur Voraussage von noch Unbekanntem. In der weiteren Anwendung solcher Postulate folgte eine etwas wilde Zeit in der Theorie, wo man alles mögliche quantelte; gelegentlich paßten auch halbzahlige Quantelungen besser, eigentlich ein innerer Widerspruch in der neuen Arbeitsmethodik, den man aber ebenfalls hinnahm. Nicht wenige dieser Arbeiten waren zwar schon bei ihrem Erscheinen Makulatur — doch allmählich lernte man die sichere Handhabung des neuen Werkzeuges. WILLY WIEN lehnte diese sich von der Klassik immer mehr entfernende Entwicklung keineswegs an sich ab; die Begrenztheit unseres jeweiligen Wissensbildes war ihm völlig klar, und er wußte daher auch, daß tiefere Schichten unserer Erkenntnis zu ihrer Bewältigung andere als die geläufigen Arbeitsmethoden erfordern könnten. So stand er der Relativitätstheorie sehr früh durchaus aufgeschlossen gegenüber, die allerdings in der Art ihrer logischen Begründung weit eher die Vollendung der Klassik bedeutet als einen Schritt in pragmatischer Richtung; so hat WIENS Münchener theoretischer Kollege A. SOMMERFELD, bedeutend vor allem durch die unter seiner Leitung heranwachsenden Schüler, z. B. einmal gesagt, „WIEN hat natürlich die Relativitätstheorie viel schneller begriffen als ich selbst".

Aber was WIEN zuwider war, das war eine gewisse sich zeitweilig ausbildende Leichtfertigkeit, mit der mit mathematischen Ausdrücken und Operationen, mit Auswahlregeln dessen, was erlaubt und was verboten sei, manipuliert wurde, und vor allem eine damit verbundene Nichtachtung solider und gesicherter Einzelerkenntnisse. Immer wieder äußerte er „die Sorge, daß die jüngeren Physiker gar nicht zu dem Bewußtsein kommen", was man „eigentlich von einer physikalischen Theorie verlangen muß". Er wehrte sich dagegen, daß die Experimentalphysik mit den Augen einiger dieser Theoretiker in einer Rolle gesehen wurde, in der sie eigentlich nur noch die keineswegs willkürfreien Spekulationen von Quantenjongleuren nachzuprüfen und zu bestätigen hatte. Bekannt ist, daß er am liebsten HEISENBERG im Doktor-Examen hätte durchfallen lassen, diesen genial begabten SOMMERFELD-Schüler, der dann, ähnlich wie ja WIEN selbst, wenige Jahre nach einem nur knapp bestandenen Rigorosum eine als nobelpreiswürdig anerkannte Arbeit vorlegte. WIEN hat den großen Erfolg von SCHRÖDINGERS Arbeit noch erlebt, der mit seiner einheitlichen und in ihrer Handhabung willkürfreien Gleichung eine klare und einfach übersehbare Ordnung für die Theorie schuf; aber WIENS Hoffnung auf eine Rückkehr zu kausaler Begründung der atomaren Einzelvorgänge erfüllte sich nicht. Auch SCHRÖDINGERS Aussagen blieben nur Wahrscheinlichkeitsangaben.

Die Zeit dieser gelegentlich chaotisch scheinenden Handhabung der Quantentheorie ist längst vorbei. Wie man den Bau des Atoms — genauer der Elektronenhülle des Atoms, denn beim Kern ist man vermutlich auch erkenntnismethodisch im Neuland —, der Moleküle und auch noch größerer Komplexe zu behandeln hat, ist weitgehend geklärt, obwohl die Arbeit selbst noch keineswegs abgeschlossen ist. Entstanden ist hier ein in der Handhabung willkürfreies, in seiner Aussagekraft bekanntes Lehrgebäude, das nicht klassisch deutbar ist, weil es eben tieferliegende Schichten mit neuen Methoden erschließt, die die klassischen Resultate als nur einen Grenzfall erkennen lassen. In der inzwischen gelungenen gedanklich und mathematisch soliden Fundierung entspricht es sicher den Anforderungen, die WIEN an seine Wissenschaft stellte. Denn daß wir nicht anders Naturwissenschaft treiben können, als Erfahrungen in eine Ordnung zu bringen und zu versuchen, diese Erfahrungen auf wenig „Grundwahrheiten" mit Hilfe eines hierzu passenden Algorithmus zurückzuführen und an Voraussagen zu prüfen, ist dem Naturforscher selbstverständlich; auch die klassische Mechanik ist nur so und nicht anders durch NEWTON begründet worden. Daß diese „Grundwahrheiten" sich modifizieren, wenn wir in eine tiefere Erkenntnisschicht gelangen, ist selbstverständlich und eigentlich geradezu die Definition für das Eindringen in eine tiefere Schicht. Auch in unseren Ansprüchen an das, was wir Erkenntnis nennen, wandeln wir uns selbst durch die Erfahrung. Solange z. B. der Dualismus Welle—Korpuskel nur beim Licht bekannt war, regte er auf und quälte. Seit wir wissen, daß er überall auftritt, führte er zu einer neuen Einstellung über Bedeutung des Anschaulichen und dessen Grenzen. Welle oder Korpuskel — das ist eine ähnliche Frage wie die, ob Zahl oder Wappen die Prägung eines Markstückes sei.

Der Einfluß WIENS auf die Entwicklung der Physik seiner Zeit ist bedeutend, nicht nur durch seine eigene Arbeit, sondern vielleicht mehr noch durch seinen sachkundigen Rat und sein gern eingeholtes Urteil. Er war einer der ganz wenigen, die groß waren sowohl als Theoretiker wie als Experimentatoren. Fast möchte ich sagen, er war so etwas wie der Hohepriester seiner Wissenschaft, in aller Tiefe von dem ethischen Wert der Wahrheitssuche und deren Mühe überzeugt: nie ein Dogmatiker mit Unfehlbarkeitsanspruch, aber kritisch, bevor er eine Leistung anerkannte.

Sein umfangreicher Briefwechsel mit wissenschaftlichen Kollegen zeigt, wie sehr sein Urteil gesucht wurde, wie auch erst in der Entstehung befindliche Gedanken ihm vorgelegt wurden. Dabei konnte es dann vorkommen, daß ihm z. B. EINSTEIN schrieb: „Alles, was ich Ihnen das letzte Mal mitteilte, hat sich als falsch herausgestellt" — so unmittelbar und frühzeitig suchte man die Diskussion mit ihm. Es gibt andere uns heute noch in der Tiefe packende Briefe, wie denjenigen von SCHRÖDINGER, als diesen die ersten Erfolge seiner Ansätze begeisterten: „Jeder zweite Tag bringt Neues; es arbeitet, nicht ich".

Dieses hohe Ansehen hatte WIEN schon sehr früh gewonnen. So berichtet er von einem Besuch in England, den er als 40jähriger machte, daß man ihn dort allgemein als einen schon alten Mann erwartet hatte; so sehr waren seine Arbeiten bereits Allgemeingut geworden, so sehr billigte man ihm Erfahrung und abgeklärtes Urteil zu, bereit, es zu akzeptieren.

Das Bild von Willy Wien wäre unvollständig, wenn ich nicht auch noch einiges über seine Stellung zur Umwelt erwähnte. Wien war kein Wissenschaftler im Elfenbeinturm, der sich von den Verpflichtungen in der menschlichen Gesellschaft abschloß. Er fühlte die Verantwortung des Einzelnen im Ganzen und scheute sich nicht, ihr zu entsprechen. Natürlich war er in seiner politischen Einstellung durch Zeit und Herkunft geformt. Daß sein gesellschaftliches Bild nicht dem heutigen und schon gar nicht dem unsrigen entspricht und auch gar nicht entsprechen konnte, darf uns die Achtung vor diesem aufrechten Mann nicht schmälern, der immer er selbst war und der — vor allem durch seine Bismarck-Verehrung begründet — nie eine Verbindung nach oben, dem Kaiser, fand oder suchte. Er war geistig viel zu anspruchsvoll für eine derartige Haltung, vor allem in dem Anspruch, den er an sich selbst stellte. Dafür gibt es viele Zeugnisse. Nicht nur in der wissenschaftlichen Arbeit, auch sonst strebte er danach, nie in einer Enge zu bleiben. Die Stellung der Wissenschaft innerhalb der Geisteswelt abzustecken, bemüht er sich vielfach, so in seinen Rektoratsreden in Würzburg und München, in denen er, wie auch in zahlreichen anderen Aufsätzen, weit über den Horizont des reinen Fachwissenschaftlers hinausblickte. Hierüber und damit eng zusammenhängend über Willy Wien als Lehrer wäre noch vieles zu sagen, was ich mir aus Gründen einer ohnehin schon überschrittenen Redezeit leider schenken muß.

Ich hoffe, Ihnen, meine sehr verehrten Kollegen, ein wenig den Mann und sein Wirken nahegebracht zu haben. Wenn es mir nicht ganz gelungen sein sollte, dann liegt es an mir, aber nicht an meinem Thema, nicht an dem Manne, der als Wissenschaftler und Forscher bewundernswert und als Mensch und Persönlichkeit liebenswert und verehrungswürdig war, liegt es also sicher nicht an Wilhelm Wien.

L. A. ARZIMOWITSCH

Gesteuerte thermonukleare Reaktionen

Übersetzung aus dem Russischen

In Vorbereitung. Etwa 464 Seiten — 168 Abbildungen auf Kunstdrucktafeln
Ganzleinen etwa 68,— MDN

Seit der Genfer UNO-Konferenz über die friedliche Anwendung der Atomenergie im Jahre 1958 wird der Physik der thermonuklearen Reaktionen — auch Kernfusionsphysik genannt — international größte Beachtung geschenkt. Ziel der Kernfusionsforschung ist es, bis etwa zum Jahre 2000 die in der Wasserstoffbombe unkontrolliert ablaufende Kernverschmelzung unter Kontrolle zu bringen und grobtechnisch zu beherrschen, damit die Menschheit ohne Energiesorgen weiterleben und arbeiten kann, wenn Kohle und Erdöl verheizt sind.
Der Autor L. A. Arzimowitsch, leitender Mitarbeiter im Kurtschatow-Institut, widmet sich in dem 1. Teil seines Werkes mit der Grundlage aller thermonuklearen Forschung, dem Wissen um die Erscheinungen in Hochtemperaturplasmen. In den nachfolgenden Kapiteln werden dann die Grundlagen aller wesentlichen „Fusionsexperimente" und die bei ihnen gemachten experimentellen Erfahrungen eingehend behandelt. Der Verfasser berücksichtigt dabei weitgehend seine eigenen Ergebnisse.

Vorbestellungen durch eine Buchhandlung erbeten

THEORIA CUM PRAXI

AKADEMIE-VERLAG · BERLIN

Kolibri 360 GmbH
Ferdinand-Jühlke-Straße 7
99095 Erfurt, Deutschland
produktsicherheit@kolibri360.de